Tekstit, kuvat ja taitto Katja Makkonen
Julkaisuvuosi 2016

Kustantaja
BoD – Books on Demand, Helsinki, Suomi
Valmistaja
BoD – Books on Demand, Norderstedt, Saksa

ISBN 978-952-318-457-2

TÄMÄ KIRJA ON OMISTETTU
KAIKILLE ELÄMÄNI IHMISILLE JA KOIRILLE!

KIITOS TEILLE – ILMAN TEITÄ EN OLISI SE MIKÄ OLEN,
ILMAN TEITÄ EN OLISI KOKONAINEN.

– KATJA MAKKONEN –

ALKUSANAT

Tämä kirja on tarkoitettu sinulle, joka haluat kasvattaa koirastasi kivan perheenjäsenen, jonka kanssa on helppo liikkua missä vaan ja joka kuuntelee mielellään sinua. Kaikki perustuu siihen, että koiran kanssa voi pienestä lähtien puuhailla kaikkea. Voit opettaa koiralle temppuja ja taitoja vaikka et koskaan aikoisikaan mitään varsinaisesti harrastaa vakavissasi. Jokaikinen positiivisella palkkauksella opetettu temppu tai taito vahvistaa sinun ja koirasi sidettä. Omistajan ja koiran välinen side on tärkeä asia – kun sellainen saadaan luotua vahvaksi tulee koirastasi yhteiskuntakelpoinen mallioppilas ja voit olla ylpeä siitä ja sen käyttäytymisestä liikut sitten missä vain koirasi kanssa. Kaikki riippuu sinusta, kuinka paljon jaksat puuhastella koirasi kanssa. Vaikka vanha sananlasku väittääkin, että vanha koira ei uusia temppuja opi, ei tämä pidä paikkaansa. Toki koira on vastaanottavaisin pentuna ja nuorena, mutta kyllä vanhemmankin koiran saa oppimaan.

Tähän kirjaan olen koonnut vinkkejä, temppuja ja oppeja sinulle ja koirallesi. Ne on suunniteltu kotikäyttöä varten ja toivonkin, että huomioit sen näitä asioita koirallesi opettaessasi. Jos suunnittelet harrastavasti koirasi kanssa vaikka peltojälkeä kilpailumielessä, ei välttämättä ole hyväksi opettaa koiralle jäljen etsimistä tämän kirjan oppien mukaan. Sama koskee useita muita lajeja – jos tarkoituksenasi on harrastaa koirasi kanssa mitä vain kilpailumielessä, kehoitan hakeutumaan asiantuntevaan koiraseuraan ja sen järjestämille kursseille. Suomessa on tätänykyä myös todella paljon yksityisiä koirakouluja joissa ohjaajat ovat koulutettuja ja osaavia. Koirakoulua valitessa kannattaa aina selvittää, ovatko kurssit tarkoitettu kilpailuihin tähtääville vai kotiharrastuksiin.

Itse olen harrastanut leonberginkoirieni kanssa vuosien varrella useaa eri lajia, käynyt monenlaisella kurssilla, niin koiraseurojen kuin yksityisten koirakoulujenkin kursseilla.

Vuosien varrella koiraharrastusten mukana pyörineenä olen huomannut, että tavallisilla ihmisillä on paljon tavallisia kotikoiria, rakastettuja, toisille koirille haukkuvia koiria, jotka karkaavat heti kun silmä välttää. Iso osa koiranomistajista ei voi pitkän matkan tai rahatilanteen vuoksi osallistua koiran kanssa koirakurssille. Tämän kirjan toivon auttavan juuri niitä ihmisiä, antavan vinkkejä ja auttavan luomaan kiinteä ja kestävä suhde ja tätä myötä myös tekemään koirasta miellyttävä kotikoira.

Kukaan ei osaa kouluttaa kaikkia koiria, aina voi osua kohdalle yksilöitä, jotka vaativat erityisosaamista ja kokemusta. Avun pyytäminen ei ole häpeä. Häpeä on se, jos antaa koiran kasvaa vailla minkäänlaista peruskoulutusta.

Katja Makkonen

MITEN KOIRA PALKITAAN ONNISTUNEESTA SUORITUKSESTA?

Ennen kuin aloitat koirasi kanssa juuri mitään kouluttamista on hyvä opetella se, mistä koirasi pitää. Suurin osa koirasta innsotuu ruokapalkasta, mutta sitten on nirsoja yksilöitä, jolle mikään ruokapalkka ei tunnu kelpaavan tai tuottavan mielihyvää. Tälläiselle koiralle on vaihtoehtona lelupalkka. Saat testattua helposti mikä on koirasi mielestä kiinnostavin palkka.

Laita koira toiseen huoneeseen. Ota kaksi samanlaista puhdasta lautasta tai koirankuppia. Aseta toiseen kuppiin ruokapalkka (esim. ohut siivu nakista) ja sen viereen toiseen kuppiin jokin lelu (vinkuva, koiran suuhun sopiva on paras tähän tarkoitukseen). Päästä koira huoneeseen kehoita sitä iloisella äänellä menemään katsomaan kuppeja ja katso mitä se tekee. Todennäköisesti se käy haistelemassa molemmat ja valitsee sitten toisen. Suurin osa koirista syö ensin ruokapalkan ja ottaa sitten lelun. Sellaiselle koiralle on todennäköisesti parempi käyttää koulutuksessakin ruokapalkkaa. Jos koira ei koske ruokaan ja valitsee lelun ja alkaa leikkiä sillä, on loogisempaa käyttää koulutuksessakin lelupalkkaa. Voit toistaa testin pari- kolme kertaa peräkkäin nähdäksesi toistaako koira samat valinnat joka kerta. Testiä tehdessä kannattaa ottaa huomioon, kauanko on aikaa siitä kun koira on viimeksi syönyt ruokaa. Jos olet antanut ruokaa koiralle juuri ennen testiä, on hyvin todennäköistä, että se valitsee mielummin lelun, ellei ole erittäin perso ruoalle.

Mikäli koira ei ole kiinnostunut ruokapalkasta, eikä lelustakaan tulee koiran koulutus olemaan haastavaa. Tälläiset koirat ovat kuitenkin aniharvassa ja joskus innottoman koiran innottomuuden syyksi voi paljastua jokin sairaus tai vaiva. Koska itselläni ei ole koulutusta eläinlääkinnän osalta, en ala arvailemaan mikä tälläisellä innottomalla koiralla voisi olla syynä. Jos yrität toistaa edelläolevaa testiä useana päivänä (ennen koiran varsinaista ruokailua) ja lopputulos on aina se,

että koira ei kiinnostu kummastakaan, ruokapalkasta tai lelusta, suosittelen käyttämään koiran eläinlääkärissä perustarkastuksessa. Tiedän myös muutaman koiran, jotka arvostavat mitään muuta enemmän vain taputusta ja sanallista kehumista. Joka tapauksessa palkan pitää olla se, mistä koira eniten pitää – muuten homma ei toimi.

Tässä kirjassa käytän pääasiassa ruokapalkkausta ohjeissa, koska kaikki omat koirani ovat olleet niin ahneita, että se on ollut ehdottomasti toimivin palkkausmuoto meillä. Useimpiin koulutusjuttuihin voit soveltaa suoraan lelupalkkaakin, mikäli koirasi siitä enemmän pitää.

RUOKAPALKAN & PALKKALELUN VALINTA

Jos valitsit koirasi palkkaustavaksi ruokapalkan, sinun tulee ottaa huomioon muutama seikka. Älä koskaan käytä palkkaamiseen samaa ruokaa mitä koira syö muutenkin ruokanaan. Palkan tulee olla jotain erityistä, sellaista jota saa vain silloin kun on tehnyt jotain oikein. Älä siis sorru ottamaan palkaksi nappuloita, joita koirasi syö vaikka se olisi kuinka houkuttelevan helppo vaihtoehto.

Itse olen käyttänyt monia erilaisia ruokapalkkoja. Olen ostanut ruokakaupasta naudan kieliä, keittänyt ne ja palastellut pieniksi kuutioiksi.

Olen kuivattanut maksaa uunipellillä ja taitellut siitä pieniä paloja palkaksi. Olen myös ostanut ruokakaupasta halpoja pääasiassa viljaa sisältäviä pehmeitä (helposti pienennettävissä) nappularenkaita. Myös eläinkaupoissa on useita valmiita pusseja eri mauilla ja koostumuksilla. Kannattaa hieman testailla mikä on koirasi mielestä parasta herkkua. Valitsemalla sen ruokapalkan, jota koirasi suorastaan jumaloi, on sinulla paljon suuremmat mahdollisuudet onnistua koulutuksessa. Lisäksi ruokapalkan on hyvä olla pehmeää (riittävän pieninä paloina), jotta koiran on helppo niellä ne eikä se jää kakistelemaan niitä mikäli nielee ne kokonaisena.

Ruokapalkalla koiraa koulutettaessa älä koskaan anna koirallesi varsinaista ruokaa ennen harjoitteita. Koiraa ei tarvitse eikä saa pitää nälässä pitkiä aikoja ennen treenejä, mutta täydellä vatsalla koira ei ole läheskään niin innokas tekemään mitään saadakseen ruokapalkkaa.

Millainen palkkalelu on hyvä? Tärkein ehto on tietenkin se, että lelu on juuri se mistä koirasi pitää. Samoin kuten ruokapalkankin suhteen, lelun tulee olla sellainen, jolla ei leikitä muuten "vapaa-aikana" vaan sen saa vain ja ainoastaan palkaksi hetkeksi sitten kun jokin pyydetty tehtävä on suoritettu oikein. Lisäksi lelun tulee olla niin pieni, että se mahtuu takkisi taskuun, mutta niin suuri, ettei koira voi sitä niellä. Usein näkee käytettävän tennispallon kokoisia palloja, joissa on naru. Vinkuvat lelut ovat myös useimpien koirien suosiossa, mutta ne harvoin ovat kovin pitkäikäisiä.

Lelulla palkattaessa lelu heitetään koiralle heti kun se on tehnyt jotain oikein, se saa leikkiä sillä hetken ja sitten se otetaan pois koiralta ja jatketaan harjoituksia.

KATSEKONTAKTI JA MUUTA HYÖDYLLISTÄ ASIAA

Usein kuulee sanottavan, että koiraa ei saa katsoa suoraan silmiin tai se voi hyökätä. Tämä saattaa olla totta joissakin tapauksissa, tapauksissa joissa vieras ja pelottava ihminen lähestyy uhkaavasti vierasta arkaa tai vahtivaa koiraa. Omaa koiraa koulutettaessa, tällä väitteellä ei ole mitään perää. Itse olen opettanut kaikille koirilleni ensin katsekontaktin. Katsekontakti sinuun varmistaa sen, että koirasi on täysin keskittynyt sinuun ja odottaa mitä sanot tai pyydät. Hyvässä katsekontaktissa koira ei vilkuile sivuilleen vaikka sieltä kuuluisi outoja ääniä tai lähestyisi ihmisiä tai toisia koiria.

Pyydä koira eteesi istumaan. Voit houkutella sen palkalla. Taskussasi tai namipussissasi pitää olla nyt se valitsemasi koiran palkka. Ruokapalkkaa tulee olla paljon. Seiso koiran edessä ja odota, että se katsoo sinua silmiin. Alussa pieni vilkaisukin riittää ja sillä samalla sekunnilla kun koira vilkaisee sinua silmiin kehu iloisella äänellä "hyvä" ja anna palkka koiralle välittömästi. Mikäli koira ei ymmärrä katsoa sinua silmiin, voit houkutella sitä päästelemällä hassuja ääniä. Itse olen käytänyt iloisella ja kimeällä äänellä sanottua sanaa "katso". Kun saat koiran katsomaan itseäsi silmiin, harjoitus jatkuu.

Jokaisesta katsekontaktista pitää saada palkka. Koira voi vilkaista muualle ja jo sekunnin päästä katsoa sinua uudestaan ja tällöin sinun pitää olla heti valmiina palkkaamaan koira. Jos et ehdi antaa palkkaa ajoissa ja koira kääntää katseensa jo sivulle, älä enää anna sille palkkaa. Koira ei osaa yhdistää palkkaa enää siihen, että se katsoi sinua sekuntti sitten, vaan se yhdistää palkan siihen hetkeen jolloin sanot sille "hyvä" ja annat palkan, eli tässä tapauksessa siihen hetkeen kun se katsoo muualle. Mitä tarkempi olet palkkauksen oikeasta hetkestä, sitä nopeammin koirasi oppii.

Kun koira ihan selvästi alkaa ymmärtämään, että palkka tulee juuri siitä katsekontaktista se alkaa tarjota sinulle katsekontaktia saadakseen palkkaa. Yhteinen sävel on löytynyt. Nyt voit alkaa pidentää palkkauksen aikaa, odota että koira pitää katsekontaktin 3-4 sekuntia ja

palkkaa vasta sitten ja kun koira osaa tämän voit vieläkin pidentää aikaa. Kovin pitkää aikaa ei ole järkevää opetella, sillä itse katsekontakti ei kuitenkaan ole mikään temppu vaan se on taito luoda sinun ja koirasi välille avoin kanava, jossa koirasi on valpas ja odottaa seuraavaa käskyä.

Kun katsekontakti onnistuu kotona sisällä rauhallisessa olosuhteissa, voit siirtyä harjoittelemaan sitä erilasiin paikkoihin, ensin ulos kotipihaan, sitten kävelytielle ja vaikkapa ruokakaupan eteen tai linja-autoasemalle.

Yksittäisten treenikertojen tulee olla lyhyitä ja ytimekkäitä. Ensimmäiseksi kerraksi 5 minuuttiakin on pitkä aika. Mielummin pikkutreenit 1-3 kertaa päivässä kuin yhdet pitkät. Treenaatpa koiran kanssa mitä tahansa niin treenikerta on hyvä lopettaa aina onnistuneeseen suoritukseen. Vaikka olisitkin päättänyt treenata nyt 15 minuuttia ja jos koira tekee 10 minuutin kohdalla loistosuorituksen, on syytä lopettaa treenit sillä erää.

Treeni pitää lopettaa aina siihen kohtaan, kun koira on tehnyt asian oikein (tai edes sinnepäin). Jos lopetat treenit siihen, kun koira on häipynyt keskenkaiken paikalta, olet vihainen ja pettynyt – tästä jää koirallesi muistikuva millaista treeneissä oli ja seuraava kerta voi olla vielä huonompi. Kun lopetat treenit hyvään suoritukseen jää koirallekin hyvä fiilis onnistumisesta ja tekemisen ilosta.

Vaikka sinulla ei olisi koskaan tarkoitus tehdä koirasi kanssa mitään erityistä, on sille erittäin hyvä opettaa muutama peruskäsky. Peruskäskyjen osaaminen helpottaa elämäänne monessa paikkaa. Jos joudut menemään julkisella kulkuneuvolla eläinlääkäriin, siinä matkalla tarvitset jo monta käskyä;

linja-autossa pitää istua, eläinlääkärissä seistä paikoillaan jne. Olen koonnut tähän muutaman, joista on hyvä aloittaa ja joita itse pidän tärkeimpinä.

Kun opetat käskyjä koiralle muista, että jokaisesta käskystä tulee myös vapauttaa. Periaatteessa koiran tulisi pysyä käskyssä (esim. istu käskyssä istutaan kunnes vapautetaan) niin kauan kuin annat sille toisen käskyn tai vapautat sen. Vapautus voi tapahtua huudahtamalla iloisesti VAPAA tai KIITOS – voit käyttää mitä sanaa haluat. Kannattaa kuitenkin käyttää aina samaa sanaa. Vapautuskäskyyn voit liittää käsien heilautuksen, ilmaan hyppäyksen tai jonkin muun iloisen toiminnon, jotta koira tajuaa, että työosuus on tältä erää loppu.

Itse kuljen kolmen suuren koiran kanssa pientä hiekkatietä päivittäin. Lähes joka lenkillä tulee tilanne, että minun on pyydettävä koirat reunempaan, kun vastaan tulee auto. Olen opettanut niille reunaan sanan ja tämän sanoessani ne siirtyvät kulkemaan niin reunassa kuin mahdollista. Alussa huolimattomuuttani kehuin koiria hyvä-sanalla, kun ne siirtyivät reunaan ja ne ottivat sen tavallaan vapaa- käskynä. Koko porukka levisi samantien takaisin autotielle. Tämä hyvä-sana on jäänyt kummittelemaan ainakin vanhimman narttumme päähän ja se mielellään mieltää, että missä yhteydessä tahansa hyvä-sana tarkoittaa sitä, että voi häipyä paikalta ja tehdä mitä haluaa.

Kehuminen, palkkaus ja vapautus kannattaa siis ajoittaa oikeaan kohtaan. Jos koiralta pyydetään jotain, sen tulee pysyä siinä käskyssä kunnes vapautetaan. Koiraa voi ja alussa pitääkin palkata heti kun se tekee mitä pyydetään, mutta sen on jatkettava käskyn suorittamista kunnes se vapautetaan tehtävästä.

Opetat koirallesi mitä käskyä tahansa tulee käskyn alaisuudessa oleminen olla alussa hyvin lyhyt aika – nyt puhutaan muutamasta sekunnista. Pikkuhiljaa aikaa pidennetään.

Treenaa koiran kanssa pieniä pätkiä. Alussa treenit voivat kestää vaikka vain 5 minuuttia päivässä. Varsinkaan pennut eivät jaksa keskittyä tunnin pituisiin treeneihin (koirakouluissa on usein kurssitunti 45-60min).

ISTU- KÄSKYN OPETTAMINEN

Suurella todennäköisyydellä koirasi on jo oppinut istumaan kun olette opetelleet katsekontaktia. Jos näin ei ole, istumaan opettaminen on helppoa tehdä arkipäiväisten asioiden yhteydessä. Kun laitat koiralle ruokaa kippoon ja pidät ruokakippoa edessäsi niin ylhäällä, ettei koira siihen yllä, koira todennäköisesti hetken pompittuaan istuu eteesi odottamaan. Voit pyytää sitä sanomalla istu. Kun koira on istunut anna ruoka sille.

Voit tehdä istumisharjoitteita muissakin arkisissa asioissa. Kun olette lähdössä ulos, voit pyytää koiraa istumaan ennen kuin avaat oven, ennen kuin laitat sille taluttimen jne. Koira oppii istu-sanan merkityksen ja samalla se ymmärtää, että arkisiin tilanteisiin ei kuulu mennä rynnistämällä vaan aina joutuu ensin rauhoittumaan ja istumaan. Muista kehua koiraa aina kun se istahtaa kun olet sitä pyytänyt. Jos sinulla on palkka lähellä voit antaa sen samalla koiralle kun kehut sitä.

Mitä tahansa koiralle opetatkin, sinun tulee valita pyydettävälle asialle käsky-sana. Sinun tulee käyttää samaa sanaa aina kun pyydät sitä samaa asiaa. Ihanteellista on jos sinun tarvitsee sanoa sana vain kerran.

Muistan yhden koiran eräältä kurssilta, joka ei millään meinannut oppia istu-sanaa. Kurssin opettajakin yritti ja koira vain seisoi opettajan edessä ja tuijotti opettajaa silmiin. Sitten opettaja antoi koiran taluttimen takaisin omistajalle ja pyysi tätä kokeilemaan. Omistaja sanoi koiralle iloisesti ISTU ja kun koira ei sillä sekunnilla istunut omistaja sanoi käskyn uudestaan ja tämän jälkeen vielä kolmannenkin kerran ja vasta sitten koira istui. Omistaja oli tietämättään opettanut koiran istumaan käskyllä ISTU-ISTU-ISTU. Koira odotti joka kerran siihen saakka kun kolmen sekunnin pituisessa käskyssä tuli se kolmas ISTU sana ja istui sitten. Koira oli siis kyllä oppinut istumaan, mutta omistajan hätäisyyden vuoksi se odotti sen kolmannen kerran. Koiralle tämä

ISTU-ISTU-ISTU oli yksi pitkä käskysana. Tämä välttämiseksi on tärkeää, että kun pyydät koiralta jotain, ole kärsivällinen ja odota hetki ennen kuin pyydät uudelleen. Jos koira ei sittenkään vielä istu, siirry parin metrin päähän ja pyydä koira uudestaan istumaan makupalan avulla. Jos koira seisoo edessäsi voit ottaa askeleen sitä kohden ja nostaa makupalan rintasi korkeudelle itseäsi vasten ja samalla pyytää istumaan.

Istu käskyä voi harjoitella myös kodin ulkopuolella. Kun tapaat kadulla ihmisen jonka kanssa haluat vaihtaa kuulumisia, voit pyytää koirasi istumaan kauniisti, ennen kuin se saa mennä tervehtimään ihmistä. Näin se oppii olemaan välittämättä ihmisistä ennen kuin siihen annetaan lupa. Istuminen on pieni mitättömältä tuntuva asia, mutta auttaa koiraa rauhoittumaan monessa tilanteessa, kuten vaikka julkisissa kulkuneuvoissa matkustettaessa.

SEIS - KÄSKYN OPETTAMINEN

Itse pidän seis-käskyn opettamista koiralle ehdottoman tärkeänä. Se on käsky joka toimiessaan voi pelastaa koiran hengen. Voi tulla tilanteita, että koira on irti ja juoksee vilkkaalle autotielle – tällöin seis-käskyn toimivuus on ratkaiseva tekijä miten koiralle tulee käymään.

Seis-käskyä voi harjoitella ihan tavallisella lenkillä. Jos koirasi kulkee lähelläsi taluttimessa, ota vasempaan tai oikeaan käteesi palkkanami, sano koiralle SEIS ja samalla vie käsi jossa on palkkanami koiran kuonon eteen (nyrkissä) ja avusta siten liikkeen pysähtymistä. Pidä ruokapalkka nyrkissä kätesi sisällä ja avaa kämmen vasta sitten kun koira on pysähtynyt. Pikkuhiljaa harjoittelemalla voit pyytää koiraa seisahtumaan ilman käsiapujakin ja palkita koiran sitten kun se on pysähtynyt. Jotkut opettavat seis-käskyn remmistä nykäisemällä, mutta itse en suosi tälläistä menettelyä – uskon koiran oppivan paremmin asioita, kun se saa itse huomata mikä on oikein. Narusta nykäisemällä saa luultavasti jossain vaiheessa koiran oppimaan käskyn, mutta koira voi myös alkaa odottamaan aina sitä nykäisyä kaulassa, vaikka tärkein asia olisi kuunnella omistajaa.

Muutama vinkki!

* Positiivisella palkkauksella saa parempia tuloksia aikaan kuin fyysisesti pakottamalla koira tekemään jotain . Kun koira saa itse keksiä mistä se saa palkkaa, se myös muistaa sen paremmin.

Älä siis esim. pakota koiraa istumaan painamalla takapuolesta, vaan odota, että se istuu itse ja palkkaa vasta sitten.

* Vältä nykimästä koiraa taluttimesta – pennulle pienikin nykäisy voi aiheuttaa vaurioita, jotka voivat vaivata aikuisenakin.

MAAHAN - KÄSKYN OPETTAMINEN

Maahan käskyn opettaminen on helpointa tehdä sitten, kun koira on oppinut istumaan käskyn. Iso osa koirista menee helpommin maahan isutuma-asennosta, kuin suoraan seisonnasta. Samalla tekniikalla voit kuitenkin opettaa maahanmenon, oli koira sitten istumassa tai seisonnassa.

Ota namipala käteesi ja vie se nyrkkisi sisällä koiran kuonon eteen. Sano koiralle matalalla äänellä rauhallisesti "maahan". Vie samalla kätesi (ja nami) koiran edessä maahan aivan sen etujalkojen eteen. Koira huomaa yleensä nopeasti mistä on kyse. Jos näin ei tapahdu, voit kevyesti painaa koiraa maahan takapuolesta. Kun koira on maassa, anna sille palkkanami. Voit palkata koiraa maahan ja toisella maahan-käskyä muutaman kerran.

Kun koira on ymmärtänyt käskyn, tee harjoituksia myös kodin ulkopuolella erilaisissa paikoissa. Maahanmeno vaatii koiralta aina rauhoittumista ja hyvää keskittymiskykyä, joten tehtävä vaikeutuu mitä enemmän ympäristössä on häiriötekijöitä, muita koiria, ihmisiä, ääniä jne.

IRTI - JA JÄTÄ - KÄSKYJEN OPETTAMINEN

Irti-käsky on SEIS-käskyn ohella toinen tärkeä käsky joka voi pelastaa koirasi hengen. Koirille piilotettuja myrkky-syöttejä löytyy yhä enemmän ja jotkut ovat alkaneet myrkkysyöttien pelossa käyttämään koirallaan kuonokoppaa lenkkeillessään. Jos koirasi osaa irti- tai jätä-käskyn niin voit kuitenkin komentaa sen irroittamaan otteensa heti epämääräisistä ruoista, joita se lenkillä voi suuhunsa napata.

Anna koirallesi lelu, keppi tai jokin muu mitä se pitää mielellään suussaan. Mene koiran viereen ja sano irti. Ota kiinni lelusta ja näytä koiralle toisessa kädessäsi olevaa na-mipalkkaa. Toista sana uudestaan ja kun koira kiinnostuu namipalkasta ja päästää irti lelusta niin anna sille nami ja kehu sitä. Usein kuulee käytettävän myös JÄTÄ-sanaa.

Kun koira alkaa ymmärtämään, että kun se tiputtaa suussaan olevan esineen ja saa siitä palkaksi parempaa – namia voit kokeilla sen kanssa erilaisia esineitä. Tämä on treeni, jota pystyy viemään hyvin pitkälle – ystäväni opetti koiransa irrottamaan hampaansa kokonaisesta lenkkimakkarasta ja koira oli mielissään kun sai tästä teosta palkaksi pienen nakin palan ja kehut.

NÄTISTI HIHNASSA & VAPAANA?

Koirien kohdalla on paljon eroja oppimisessa samankin pentueen sisällä. Siksipä ei ole mitään tiettyä ihmeloitsua, jonka suorittamalla saisi koiran kuin koiran oppimaan vaikkapa nätisti hihnassa kävelyn alta aikayksikön. Itsellänikin on ollut leonberginkoiria, jotka eivät ole koskaan vetäneet hihnassa ja sitten on ollut niitä, jotka eivät millään konstilla meinaa ymmärtää ideaa kävellä niin, etten minä raahaudu perässä venyneine käsineni.

Hihnaan totuttelu aloitetaan pienissä osissa ja lyhyinä pätkinä tutussa ympäristössä. Apuna voi olla taskussa namia, jota voi koiralle antaa aina kun se seuraa lähellä niin ettei hihna ole kireällä. Koiraa ei tarvitse varsinaisesti kutsua luokse – se oppii kyllä nopeasti ymmärtämään, että kun tarpeeksi lähellä on ja hihna ei kiristä kaulassa - silloin saa namia. Koiralle voi toki käyttää apusanoja, kuten mennään jne. Nyt kun mietin meidän laumaa, niin kyllähän niille tulee jatkuvasti lenkillä yhä edelleen kaikenlaisia ohjesanoja annettua. "Mennään" tarkoittaa meillä sitä, että olen jo kyllästynyt odottamaan, että jäädään pitkäksi aikaa haistelemaan tienposken viestejä – silloin lähdetään jatkamaan matkaa eteenpäin. "Reunaan" sanon yleensä silloin kun auto tulee ja pitää pakkautua lähemmäs ojaa, jotta mahdutaan turvallisesti ohittamaan auto. "Odota" käytetään silloin jos joku on riehaantumassa ja löytänyt suuhunsa kepin, jonka kanssa haluaisi edetä nopeammin. Samaa käytän myös silloin jos joku pysähtyy tarpeilleen ja muiden pitää odottaa. "Seis" sana on myös ollut vuosien varrella käytössä – lähinnä taajamalenkeillä joissa pitää pysähtyä odottamaan vihreän valon vaihtumista tai autoja. En kuitenkaan ole varsinaisesti näitä sanoja opettanut koirille koskaan. Olen vain "pölöttänyt" niille lenkillä kaikenmoista, sanonut, että nyt pitää mennä reunaan kun auto tulee ja ohjannut hihnoista koirat reunaan. Nyt laumasta suurin osa osaa siirtyä reunaan ilman hihnalla ohjaamista pelkällä sanalla "reunaan". Koirat kuuntelevat hyvinkin tarkasti mitä niille jutellaan vaikka ne usein saattavatkin näyttää siltä, että ei voisi vähempää kiinnostaa.

Normaalisti koiran tulisi kävellä hihnalenkillä siten, että hihna ei ole kireällä. Osa koirista osaa tämän luonnostaan ja osa ei edes halua osata. Usein hihnan kiristyessä riittää, että kaivat taskustasi namin ja pyydät koiraa luoksesi ja annat sille sitten namin. Sitten voit taas kertoa koiralle "mennään" ja jatkaa matkaa.

Namien kuljettamisesta lenkillä taskuissa ollaan montaa mieltä. Meillä kaikki koirat toimii nameilla – se on ehdottomasti niiden polttoainetta ja paras palkka, jonka eteen kannattaa niiden mielestä tehdä asioita. Ei ilman nameja kulkeminenkaan ole huono juttu, jokaisen pitää löytää se oma tapa joka sopii parhaiten itselle ja ennenkaikkea koiralle.

No mitäpä tehdä sitten, jos koira ei kiinnostu nameista ja palaakkaan lähemmäksi sinua vaan yrittää vaan vetää eteenpäin hihna kireällä? Pysähdy. Seiso paikoillasi ja odota. Jossain vaiheessa koira mitä todennäköisemmin alkaa ihmettellä miksi et liiku eteenpäin ja tulee luoksesi sitä kysymään. Tällöin kehu sitä ja anna sitä namia. Sitten taas eteenpäin. Pysähdy välittömästi kun hihna kiristyy. Joudut toistelemaan tätä usean lenkin ajan, mutta yleensä lopulta se alkaa tuottaa tulosta.

Toinen vaihtoehto on kääntyä takaisin tulosuuntaan kun hihna alkaa kiristyä. Tämä tosin onnistuu vain siinä tapauksessa, että koira vetää eteenpäin. Tiedän sellaisenkin koiran joka veti kaikkiin suuntiin vuorotellen – ei sille ollut mitään merkitystä mihin suuntaan mentiin, kunhan mentiin ja lujaa. Jos koirasi vetää eteenpäin ja sillä on sama menosuunta kuin itselläsi, eikä se tule katsomaan sinua, vaikka seisahtuisit paikoillesi, on hyvä kokeilla kääntymistä takaisin tulosuuntaan. Vedä koira nätisti perässäsi tulo-

suuntaan hihnalla – älä siis missään tapauksessa kisko tai nykäise koiraa mukaasi. Koiran ei ole tarkoitus tuntea kipua tai rangaistusta siitä, että se joutuu kääntymään kun kerran kiskoi hihnassa – tarkoitus on saada koira ymmärtämään, että jos ei kävele nätisti niin ei pääse eteenpäinkään. Kun koira sitten kääntyy perääsi ja todennäköisesti saattaa porhaltaa jo kohta ohitsesi palkkaa se kun se on kohdallasi ja hihna on taas löysällä. Siitä voitte sitten samantien kääntyä taas menosuuntaan. Todennäköisesti joudut tekemään näitä kaksi-metriä-eteenpäin-ja-kolme-metriä-taaksepäin-lenkkejä jonkin aikaa, mutta jossain vaiheessa ne alkavat kyllä tuottaa tulosta.

Suurimman osan koirista kohdalla kaikki perustuu lopulta siihen kuinka mielenkiintoinen sinä olet koirasi mielestä. Jos olet mielenkiintoinen tyyppi, jolla saattaa olla taskussa vaikka nakkeja, koirasi pitää sinua silmällä, että pysyy lähelläsi ettet vain itse syö niitä nakkejasi. Mielenkiinto-osakkeita voi nostaa muutenkin kuin vain ruoalla. Olen yhden koiran kanssa tehnyt normaali hihnalenkeillä välillä tottelevaisuusosioitakin. Koira oli nuorena luonteeltaan hyvin puuhakas ja oppi hienosti kaikki tokoilun peruskäskyt, mutta lenkillä sitä ei kiinnostanut miten raahaudun narun perässä, se huiteli mihin sattui haistelemaan milloin mitäkin. Aloin sitten kesken lenkin pyytää siltä toko-asioita; sivulle, maahan jne. Se muisti, että tokotreeneissä näistä sai ruhtinaallisen palkan ja tekikin niitä sitten mielellään myös välillä lenkilläkin. Eräs ystäväni nosti mielenkiintoa itseensä päästelemällä kummallisia ääniä. Kun koira alkoi vetää narussa, ystävä päästeli ihmeellisiä kimeitä ääniä jolla kiinnitti koiran huomion ja sitten kävely sujui taas jonkin matkaa hienosti. Tapoja on monia – idea on siinä, että jokaisen pitää löytää se oikea, joka sopii parhaiten

itselleen ja omalle koiralleen. Ja ennenkaikkea pitää löytää se oikea, joka myös toimii.

Mielenkiinto-osakkeiden nostoa voi harjoitella myös kotipihassa tai lähimetsässä, jossa koiralla on mahdollisuus olla irti. Mitä enemmän koiralla on vapautta, sitä todennäköisemmin se oppii pysymään lähelläsi vapaana myös aikuisena. Pieniä poikkeuksia ovat kuitenkin riistaviettiset koirat tai kuten meillä, urokset kun haistavat ihanat tyttöjen juoksut.

Nuoren koiran kanssa kannattaa hengailla paljon ilman talutintakin. Pidä itsesi mielenkiintoisena, kanna taskuissasi nameja tai leluja (heitä niitä välillä ilmaan koiran nenän eteen) ja kävele pihassakin koirasta poispäin ja palkitse se jollain kivalla tekemisellä tai namilla kun se tulee perässäsi (pyytämättäkin) katsomaan mihin olet menossa ja mitä teet? Mene koiraa piiloon pensaan taakse, päästele ääniä tai kutsu sitä luoksesi ja palkitse kun se tulee. Koirissa on sellaisia tyyppejä, että ne kyllästyvät koulutusjutuissakin helposti, jos kaikki on samanlaista kerta toisensa jälkeen. Muista siis

olla ennalta-arvaamaton, niin saat koiran pysymään "varpaillaan" ja olemaan kiinnostunut – mitähän se "äiti" seuraavaksi keksii? Tästä on pakko kertoa pieni esimerkki kun tämän vanhimman leonberginkoiramme kanssa treenattiin joskus BH-koetta (koirien käyttäytymiskoe) varten koulutuskentällä. Koira osasi kaiken jo hienosti ja oltaisiin oltu valmiita menemään jo kokeeseenkin, kun se alkoi äkkiä inhota seuraamista. Siltä se ainakin minusta näytti. Se laahusti perässä ja jäi jälkeen ja vaikka kuinka yritin niin se ei siitä piristynyt. Pyysin sitten treenikaveria kokeilemaan miten koira toimisi hänen kanssaan ja siirryin kentän reunalle seuraamaan. Ja kas – koira käveli kuin robotti tarkasti oikeassa kohtaa, eikä jätättänyt senttiäkään. Namipalkka oli sama ja käskyt samat, ihminen vain oli mielenkiintoisempi ja koko asia kun se sisälsi jotain uutta. Koirani on siis koira, joka kyllästyy helposti samoihin juttuihin.

Kun koiraa pitää vapaana, on sille hyvä tehdä selväksi mikä on se käsky, jolla tullaan ehdottomasti luokse. Meillä se on "tänne". Tänne -käsky on meillä sellainen jolloin tullaan ihan lähelle, mielellään istumaan eteen ja siitä saadaan myös ruhtinaallinen palkka. Muuten sitten metsälenkillä saatan huudella "täällä" tai "mennään" kun haluan ilmaista koirille, että olen vaikka kääntymässä eri suuntaan kuin ne.

Osa koiranomistajista on ehdottomasti sitä mieltä, että koira on se, jonka pitää pitää silmällä missä ihminen menee, eikä ihmisen tarvitse sille ilmoitella tekemisistään. Itse olen sitä mieltä, että on koiria joiden kohdalla toimii se, ettei koiralle informoida mihin mennään ja sitten on koiria joille on pakko ilmoittaa jos haluaa niiden pysyvän lähellään. Sitten on koiria, joille ei auta mikään huutelu tai makkaranpalojen heittely, jos ne päättävät lähteä esim. jonkun hajun perään.

Itse en koe kovin hyvin onnistuneeni jokaisen koirani kanssa tässä osiossa, missä koiria pidetään vapaana. Olen nyt kuitenkin antanut sen osittain itselleni anteeksi, sillä asia on kovin paljon koirastakin kiinni. Uroksemme on karkaillut metsälenkeiltä useita kertoja. Onneksi kuitenkin aina tiesin mihin se lähti. Se juoksi metsän poikki suurille pelloille ja jatkoi siitä muutaman kilometrin eteenpäin ja saapui maatalolle, jossa oli usea tuoksuvampi tyttökoira. Nyt uroksemme on leikattu – mutta kyllä se vielä muistaa tuon metsänreunan, josta se monta kertaa livisti. Se ei kuitenkaan enää lähde kovin pitkälle ja tulee omatoimisesti takaisin, ellei sitten satu keksimään jotain muuta ihanaa, kuten supikoiran jätöksiä tai hirven jäljet. Kaikki tällaiset ulkopuoliset vaikuttimet on hyvä ottaa huomioon ja ymmärtää kun koiralle kouluttaa mitä vaan.

30

KOHTAAMISET & OHITUSTILANTEET LENKILLÄ

Hihnakäytökseen liittyy olennaisesti myös se asia, kuka päättää mihin mennään. Itse olen yrittänyt opettaa kaikille koirilleni, että kun olemme hihnalenkillä, emme mene tervehtimään ketään vastaantulijaa, ei ihmisiä eikä koiria. Tämä saattaa jonkun mielestä olla todella julmaa. Lisäksi monet vastaantulevat koiranulkoiluttajat usein tulkitsevat koirani tämän vuoksi vihaisiksi. Meidän laumassa olen huomannut sen, että kun muutaman kerran mennään katsomaan sitä ihanaa pikkukoiraa, joka niin kovasti haluaa tulla tekemään tuttavuutta – jää se tavaksi. Seuraavalla lenkillä kun vastaan tulee sitten joku toinen (jonka kanssa juttu ei ehkä luistakkaan niin ystävällisesti) pitävät meillä (itsepäiset) leonberginkoirat ainakin itsestäänselvyytenä, että taas mennään tervehtimään. Ja kun itselläni on suuria koiria usein kolme samalla lenkillä mukana niin se riittää,kun yksi haluaa mennä moikkaamaan vastaantulijaa – samassa silmänräpäyksessä koko joukko on menossa ja siinä vaiheessa muutun itse ankkuriksi, joka raahautuu perässä. Tämän vuoksi meillä ei tervehditä lähietäisyydeltä ketään, kun olemme hihnalenkillä. Tämäkin asia on jokaisen päätettävä itse -

miten haluaa toimia. Toki koiran voi opettaa ensin rauhoittumaan ja istumaan ja sitten vasta, kun saa luvan niin saa mennä haistelemaan. Jokaisen on löydettävä se oma kultainen keskitie jota kulkea.

Vähän samantapaisia ovat ylipäätään toisten koirien ohitustilanteet. Koiran huomion ja mielenkiinnon tulee pysyä taluttajassa ohituksen ajan, muutoin homma ei toimi. Osan koirista olen opettanut "ohi" -käskyllä. Imutan koiraa eteenpäin nyrkissäni olevan nakinpalan avulla toisen koiran ohi ja annan palkkanamin heti kun koira on ohitettu. Jos koiran huomio herpaantuu taluttajasta jo ennen kuin vastaantuleva koira on lähelläkään, on turha odottaa että se kiinnittäisi huomion taluttajaan sitten vasta koiran kohdalla. Tällöin koiran kanssa on hyvä kääntyä toiseen suuntaan ja palkita se, kun sen huomio on poistunut vastaantulijasta. On olemassa paljon koira, joille tälläiset

normaalit ohitustilanteet eivät ole mitenkään erikoinen juttu ja ne suoriutuvat toisten koirien ohittamisesta muina miehinä ilman mitään palkitsemisia. Ja hyvä niin. Ohitustilanteita on hyvä treenata koiran kanssa, avuksi treeneihin voi pyytää vaikka naapurin koiran omistajineen. Riittävän välimatkan päässä toisistaan kävellään, istutaan ja syödään nameja. Pikkuhiljaa siirrytään lähemmäksi toisiaan koirien sietokyvyn mukaan. Heti kun jompikumpi koira kiinnittää enemmän huomiota toiseen koiraan kuin omistajaan lisätään hieman välimatkaa.

Suuri merkitys on myös paikalla missä ohitukset tapahtuu. Meillä on oman uroksen käytös varsinkin näissä ohitustilanteissa muuttunut paljon sen jälkeen kun se sairastui kilpirauhasen vajaatoimintaan. Kaupunkilenkeillä (oman reviirinsä ulkopuolella) se voi edelleen ohittaa kylmän viileästi vaikka minkälaisen räksyttäjän – vilkaisee vain vähän silmäkulmastaan. Kotitiellä sen reviiri on laajentunut kilometrien päähän kotoa – se on ainoa paikka jossa se on nykyään rohkea mies. Ennen sai vastaan tulla lähes millainen ja miten huonosti käyttäytyvä vieras koira eikä se juurikaan noteerannut niitä mitenkään. Nykyään riittää pieni räksyttävä koira ja se on heti valmis menemään kertomaan sille kuka täällä saa rähjätä. En hirmuisesti ota paineita tästä enää nykyään. Koska tunnen koirani niin tiedän myös miten sen kanssa selviän. En ohita vieraita koiria liian läheltä, vältän konfliktit enkä lisää oman koirani stressiä, jos tie on liian kapea, käännyn sivutielle tai metsäpolulle ja palkkaan koiran siitä, että se seuraa löysällä narulla perässäni. Tälläiset koirat, kuin meidän uros, on poikkeuksia. Koska kaikissa koirissa voi kuitenkin olla näitä poikkeuksia, ei ole olemassa mitään kultaista ohjenuoraa, jota noudattamalla saisi satavarmasti

hienosti hihnassa käyttäytyvän koiran. Tärkeää on, että osaat lukea koiraasi, opit ymmärtämään missä tärkeysjärjestyksessä se pitää asioita ja opit palkitsemaan sitä juuri sillä tavalla, mitä se eniten arvostaa. Ja jos kohdallesi sattuu se pentueen kovapäisin koiravauva, ymmärrät myös sen ja muistat, että ei ole häpeä pyytää apua – päinvastoin häpeä on sitä, jos ei pyydä apua ja antaa koiran kasvaa mitään oppimattomana aikuiseksi – joskus jopa katastrofiksi.

Tärkeää on muistaa se, että hyvän hihnakäytöksen opettaminen on yhtä tärkeää, oli sitten kyseessä 5kg painava pieni koira tai 80kg painava iso koira. Molemmat voivat huonolla käytöksellään (mm. hyökkimällä autojen kimppuun) saada yhtä suuren katastrofin aikaiseksi.

TARVITSEEKO KOIRAA SOSIAALISTAA?

Hihnakäytökseen liittyy oleellisesti sana sosialistaminen. Itse otan nuoret(kin) koirat mukaan moneen erilaiseen paikkaan johon koirien kanssa voi mennä. Olemme käyneet rautatieasemalla, linja-autoasemalla, toreilla ja tapahtumissa. Meidän vanhempi narttu oli nuorena sitä mieltä, että kaupungissa on paljon outoja asioita. Se oli varma, että itsestään aukenevat kauppojen liukuovet voivat imaista sen sisäänsä. Se oli varma että jäätelökioskin edessä seisova ja tuulessa keikkuva muovipelle ei ole ihan normityyppi. Se oli sitä mieltä, että kaikkia vastaantulijoita pitää päästä moikkaamaan ja vähän hypätä vastenkin. Ensimäisen 2 vuoden aikana meillä tehtiin siis paljon kaupunki-lenkkejä sosialistamisen tarkoituksessa. Ja koira oppikin, ettei maailmassa ole mitään asiaa, jota ei voisi kanssani ohittaa nätisti.

Osa koiranomistajista ja kasvattajistakin (rodusta riippumatta) ovat sitä mieltä, että jos koiralle pitää erikseen opettaa tälläista sosialistamista, ei se ole ollenkaan sopiva yksilö ainakaan jalostukseen. Itse pidän tätä kuitenkin kaikkien koirien kohdalla erittäin tärkeänä osana, varsinkin kun kyseessä on aikuisena voimakas ja suurikokoinen koira. On se vaan hirveän hieno - se ylpeyden tunne kun voit kävellä koiran kanssa missä tilanteessa vaan ja se ei korvaansakkaan lopsauta millekkään. On toki olemassa koiria, jotka ovat luonteeltaan sellaisia, ettei niitä muutenkaan mikään uusi tai outo asia hetkauta – ei meilläkään tuo nyt jo vanhempi narttu mikään arkajalka ollut – päinvastoin rempseä ja menevä neiti, mutta ei se silti sitä pahempaan suuntaan kehittänyt tuo kaupunkikävely.

Koiran kanssa voi harrastaa vaikka mitä. Osa koirista on ketteriä ja soveltuu agilityyn, osa johonkin rauhallisempaan lajiin. Kaikkia koiria yhdistää kuitenkin yksi sama asia - niillä on järjettömän hyvä hajuaisti - ihan kaikilla! Tästä eteenpäin keskitytään tässä kirjassa hajuaistin treenaamiseen, sillä sitä treenaamalla, koiran kyky käyttää nenäänsä kasvaa moninkertaiseksi. Ja ihan totta - niin hullulta kuin se kuulostaakin, kaikki koirat eivät osaa käyttää nenäänsä kunnolla ellei niitä siihen opeta :)

ETSITÄÄNKÖ NAKKEJA?

Nakki on meillä yleisin palkkanami. Sen pystyy leikkaamaan hyvin pieniksi paloiksi. Iltaisin meillä onkin tapana mennä koirien kanssa ulos nakkietsintään. Leikkaan kasan nakkeja pieniksi ohuiksi siivuiksi. Nakki on suolaista, joten sitä ei ole hyvä suuria määriä syöttää, voit käyttää nakin sijasta jotain muutakin. Toinen vaihtoehto on ottaa koiran iltaruoka kippoon, jos ruokana on kuivanappuloita. Heitä nappulat ilmaan ja ne leviävät pitkin pihanurmea. Koirat joutuvat etsimään nakit hajuaistinsa perusteella ja käyttävät samalla ison määrän energiaa. Jos koira on ahne ja hotkii ruokansa sen voi myös ruokkia tällätavoin ulkona. Toinen vaihtoehto on käydä piilottamassa ruokaa ensin jollekkin alueelle ja hakea sitten vasta koira sisältä etsimään sitä.

Ulkona ruoan levittelemiseen liittyy aina pieniä asioita, jotka on hyvä ottaa huomioon. Talvella jos on kovin kymä, ei ole hyvä heitellä ruokaa koiran etsittäväksi. Osa hukkuu varmasti lumihankeen ja lisäksi pakkaslumen nuuhkiminen ei tee kovin hyvää koiran hajuaistille ja limakalvoille. Kesällä riskinä on maahan jäävät ruoanjämät, jotka houkuttelevat hiiriä, käärmeitä ja muita pieneläimiä pihapiiriin. Kohtuus siis kaikessa mukana.

SEURATAANKO JÄLKIÄ?

Kaikenlaiset nenänkäyttöharjoitukset ovat erittäin väsyttäviä koiralle. Lyhyehkön jäljen etsiminen vastaa jo kunnon lenkkiä. Lisäksi se kehittää koirasi hajuaistia. Kerron tästä nyt pienen esimerkin.

Kävin vuosia sitten koirani kanssa kahdella eri jälkikurssilla. Tarkoitus oli saada vinkkejä jäljen tekemiseen ilman kilpailutarkoitusta. Tein sitten koiralleni paljon jälkitreeniä eri paikkoihin. Yhtenä kesäiltana istuimme mieheni kanssa sohvalla katselemassa televisiota. Oli jo hämärää. Tunsin jalassani jonkun hipaisun, ajattelin siinä olevan jonkin hyttysen tai muun ja huitaisin sen kädelläni pois. Kohta näin saman höttiäisen lentävän television edessä. Kohta sama ötökkä oli mieheni jalassa ja hän huitaisi sitä ja siten sitä ei enää näkynytkään. Jatkoimme television katselua ja kohta koira tuli luokseni. Se haisteli jalkaani, juuri sitä kohtaa missä ötökkä oli ollut, jatkoi siitä sitten ilmaa nuuhkien television luokse ja haisteli kuvaruutua, sitä kohtaa missä ötökän näin. Siitä se ilmaa haistellen kiersi sohvapöydän ja tuli miehen jalan luokse. Hetken siinä nuuhkittuaan siirtyi haistelemaan lattiaa ja löysi ötökän ja söi sen. Pienestä hyönteisestäkin jää

38

siis ilmaan hajujälki – mitä enemmän hajutehtäviä koirasi kanssa harjoittelet, sitä taitavammaksi se tulee.

Jälkitreeniä varten tarvitset yhden purkin (esim. pakasterasia), siihen paljon pieniä helposti syötäviä nameja ja pitkän liinan . Helpoin paikka aloittaa jäljen harjoitteleminen on lyhyt ja tasainen nurmikko. Valitse paikka siten, että se olisi mahdollisimman vähän käytetty. Joskus taajamista löytyy nurmikkoalueita, jossa käy päivittäin paljon koiria. Muista myös, että joissakin paikoissa voi olla tarpeen kysyä lupa maanomistajalta koiran kanssa treenaamiseen.

Alussa koira jätetään esim. autoon odottamaan. Ota namipurkki ja jokin merkki, jolla voit merkitä jäljen alkamiskohdan. Merkiksi käy esim. pyykkipoika kuusenoksaan tai maahan pystyyn jokin keppi.

Seiso jäljen alkukohdassa jalat vierekkäin, voit nostella jalkoja paikoillaan muutaman kerran. Maata ei kuitenkaan tarvitse polkea rikki. Koiralle ei ole siis tarkoitus opettaa rikkimenneen maan hajua. Ala sitten astella eteenpäin pienin askelin siten, että asetat jalan aina edellisen askeen eteen. Pidä jalat paikoillaan ja käänny sen verran, että saat laitettua namipalkan jokaiseen kengänjälkeesi. Jatka näin eteenpäin. Kannattaa ottaa kiintokohteeksi kauempaa esim puu, jotta saat jäljen pysymään kohtuullisen suorana. Ensimäisen jäljen ei tarvitse olla pitkä – koirasta riippuen 5-10m on sopiva.

Kun saavut siihen pisteeseen, mihin haluat päättää jäljen, seiso jalat vierekkäin ja laita maahan loput namipalkat rasiassa – kansi kiinni. Voit laittaa rasian päälle hieman heinää tms. ettei koira näe rasiaa jo heti jäljen alusta. Hyppää sitten iso askel eteenpäin, jotta saat jäljen katkeamaan, ja kierrä kauempaa kaartaen takaisinpäin. Älä kävele jäljen yli!

Hae koira autosta. Laita sille pitkähkö liina tai naru, 5-10m, mutta pidä kiinni pannan läheltä. Taluta koira n.1m päähän jäljen lähtöpisteestä ja pyydä istumaan tai seisomaan sivullesi. Odota, että koira rauhoittuu ja palkkaa namilla. Näytä sitten koiralle kädellä viittoen jäljen alku ja sano JÄLKI tai joku muu sana jota haluat tässä yhteydessä alkaa käyttämään. Anna koiran syödä namipalkkaa jäljistä, pysyttele itse koiran takana. Jos koira eksyy jäljeltä, odota hetki tuleeko se itse takaisin. Jos koira ei itse palaa jäljelle, voit pyytää sen luoksesi ja näyttää jäljen uudelleen siitä kohtaa eteenpäin mihin olette päässeet. Mikäli koira haistelee jälkeä ja syö siitä nameja ja etenee haluttuun suuntaan – pidä liina löysällä ja seuraa koiraa rauhallisena.

Älä kulje ihan koiran kintereillä, se saattaa ahdistaa herkkää koiraa ja se pyrkii menemään nopeampaa eteenpäin ja unohtaa mitä sen piti tehdä. Sen sijaan voit jättäytyä usean metrin päähän ja pitää liinaa löysällä, jos koira pysähtyy haistelemaan niin pysähdy itsekkin, nostele kuitenkin rauhallisesti paikoillaan jalkojasi (tai etene pienin askelin) – tämä on yleensä koiralle merkkinä, että olet tulossa ja koira menee oikeaan suuntaan.

Jos koira jättää jonkin jäljelle tiputtamasi makupalan ottamatta, älä välitä siitä. Anna koiran jatkaa eteenpäin, jos se etenee. Älä nyi koiraa narusta, äläkä pujota narua koiran etujalkojen välistä (mahan alle). Ainakin palveluskoirapuolen peltojälkeä opetetaan usein vetämällä liina pannasta koiran etu- ja takajalkojen välistä. Tällä saadaan vedettyä koiran nenää kohti maata, mikäli se etenee liian lujaa eikä haistele jälkiä kyllin tarkasti. Tämä tyyli voi sopia joillekkin koirille, mutta pääsääntöisti itse olen sitä mieltä, että kun koira ymmärtää jälken seuraamisen, se laitaa nenänsä vapaaehtoisesti maahan ja sitä tarvitsee harvoin (jos koskaan) pakottaa tekemään sitä. Jos kuitenkin haluat jatkossa kouluttaa koiraasi kilpailumielessä peltojälkeä varten, suosittelen ottamaan yhteyttä paikalliseen koiraseuraan saadaksesi täsmälliset ohjeet aloittamiseen.

Kun pääsette jäljen päähän ja koira huomaa namirasian, pyydä koiraa ilmaisemaan se jotenkin. Itse käytän lopussa käskyä maahan. Kun koira on maassa kehu sitä valtavan paljon, avaa rasian kansi ja anna koiran syödä rasiasta namit. Tämän jälkeen suoritus on ohi. Tässä vaiheessa on hyvä vaihtaa pitkä liina tavalliseen taluttimeen. Koira oppii ymmärtämään, että liina tarkoittaa työtä ja jäljen etsimistä ja kun kaulapannassa on tavallinen talutin käyttäydytään kuten tavallisella lenkillä ja työosuus on ohi.

Kun olette treenanneet jälkeä riittävän monta kertaa ja koira alkaa tajuta jo idean, voit alkaa pikkuhiljaa vaikeuttamaan sitä. Voit tehdä loivia kaarteita, ylittää polun tai pienen puron. Voit vaihtaa maastoa ja tehdä jäljen metsään tai pitempään heinikkoon. Voit tehdä jäljen aamulla ja käydä etsimässä sen koiran kanssa illalla. Kun edistytte, namipalkkoja ei myöskään tarvitse laittaa enää läheskään jokaiseen jälkeen.

Jäljen tekemisessä on hyvä muistaa muutama seikka, joista tärkein on mielestäni se, että jos huomaat, että koiralle tuottaa vaikeuksia ajaa jälki jonka olet tehnyt, tee seuraavaksi superhelppo jälki. Aina jos menee pieleen niin palaa seuraavassa treenissä tekemään astetta lyhyempi tai muutoin helpompi jälki. Jos teet monta kertaa peräkkäin koiralle vaikean jäljen se kyllästyy helposti koska kokee homman liian vaikeaksi.

Jos haluat voit pitää jälkipäiväkirjaa. Tämä auttaa sinua huomaamaan mitkä kaikki seikat vaikuttavat siihen, kuinka hyvin koira oppii jäljen. Merkitse päiväkirjaan päivämäärä, kellonaika, lämpötila, onko keli tuulinen vai tyyni, aurinoinen vai pilvinen vai sateinen jne. Huomaat pian, että koirasi löytää jäljen paremmin jollain kelillä, kuin jollain muulla.

Metsässä tai korkeassa aluskasvillisuudessa jälkeä ajaessasi, älä ihmettele, jos koirasi kulkee jälkeä pitkin nenä ilmassa. Oma hajusi jää melkoisen korkealle heiniin ja koira oppii haistelemaan sitä myös niistä. Samoin jos tuulee sivusuunnasta jälkeen nähden, koira voi kulkea parikin metriä jäljen sivussa, mutta löytää silti loppupalkan, sillä tuuli siirtää tehokkaasti jäljen hajua. Älä tällöin korjaa koiraa tulemaan takaisin juuri siihen missä kävelit kun teit jäljen, sillä koira on todennäköisesti oikeassa ja hajusi onkin jäljen sivussa.

Jäljen vanhenemisajalllakin on iso merkitys. Säästä ja tuulesta riippuen, jälki on koiralle vaikein noin 30 minuutin päästä siitä hetkestä kun se on tehty. Vaikka kävelisit kuinka varoen, aina maanpinta rikkoontuu hieman kun astut siihen. Noin puolen tunnin kohdalla maanhaju on voimakkaimmillaan ja peittää osan omasta (tai namipalkan) hajusta. Jälki kannattaa siis ajaa aloittelevan koiran kanssa heti tai sitten odottaa esim. 1 tunti. Myöhemmin voit antaa jäljen vanheta useitakin tunteja, tehdä aamulla ja ajaa illalla.

Voit tehdä jäljen myös kaatamalla purkillisen tonnikalaa (öljyssä) sukkahousun lahkeeseen. Vedä tällä hajuvana perässäsi ja laita palkka vasta jäljen loppuun.

Mikäli epäilet, että et muista mistä olet kävellyt, voit laittaa jälkeä tehdessäsi pyykkipoikia puiden oksiin.

ETSITÄÄNKÖ ESINEITÄ ?

Koiralle voi opettaa esine-etsintää. Hyvä aloituspaikka on esim. hiekkakenttä. Ota mukaasi joitakin esineitä kotoasi. Esimerkiksi vanha rahapussi, kynäpenaali, kauha yms. ovat hyviä esineitä. Älä ota esineeksi koiran leluja. Tiputtele esineet kentälle muutaman metrin päähän toisistaan.

Nouda koira ja kävele sen kanssa esineiden lähelle. Kävele koiran kanssa esineiden ohi ja kun/jos koira haistelee esinettä kehu sitä ja palkkaa ja samalla voit toistella sanaa esine. Voit laittaa koiran kiinni vaikka puuhun ja kerätä esineet ja viedä ne koiran nähden hieman toiseen paikkaan. Hae koira ja toista harjoitus. 2-3 kertaa on hyvä määrä.

Seuraavalla kerralla voit ottaa mukaan käskysanan ESINE. Etsi Esine tai pelkkä esine ovat molemmat hyviä. Pyydä koiraa etsimään esineitä ja kävele sen kanssa niiden ohitse ja palkitse kun se haistelee niitä. Kun tämä alkaa sujua niin voit opetta koiraa ilmaisemaan esineen. Kun koira haistelee esinettä, pyydä se namin avulla heti maahan (tai istumaan) esineen eteen ja kehu ja palkkaa. Pyydä sitten esine-käskyllä jatkamaan ja etsimään seuraava esine.

Muista vaihdella esineitä (pienemmät ovat vaikeampia) ja vaihdella myös paikkaa mihin esineitä piilotat. Kun koira oppii etsimään esineitä, se saattaa olla suureksikin avuksi kun hukkaat autonavaimet metsään ollessanne lenkillä.

Jos koirasi on oikein innostunut tekemään jälkeä ja etsimään esineitä, voit yhdistää nämä kaksi asiaa tiputtelemalla aina jäljelle pari esinettä. Kun koira on näyttänyt sinulle esineet jäljeltä anna sille taskustasi välipalkkanami ja pyydä sitten jatkamaan jäljen seuraamista. Itselläni on ollut yksi koira, joka innostui niin suuresti esineiden löytämisestä, että alkoi lopulta lenkilläkin mennä maahan jokaisen ihmisen tiputtaman roskankin kohdalla. Tosin kerran löysimme jonkun avaimetkin ruohikosta - joten ihan hukkaan sekään oppi ei mennyt.

44

ETSITÄÄNKÖ SIENIÄ?

Koiralle voit opettaa kohtalaisen helposti jonkin hajun etsimisen. Tässä opetetaan sienien etsimistä, mutta voit opettaa minkä muun hajun tahansa.

Ensin kannattaa hankkia muutama pieni kannellinen lasipurkki. Voit käyttää myös jotain käytettyä, kuten lastenruokapurkkia tai hillopurkkia, mutta ne on pestävä astianpesukoneessa, jotta kaikki mahdollinen haju saadaan purkista pois. Chili-, suolakurkku- tai muuta sellaista purkkia, joissa on ollut voimakkaanhajuista elintarviketta, ei kannata käyttää pestynäkään. Kaupoissa myydään myös pieniä hillon säilöntään tarkoitettuja lasipurkkeja, kooltaan noin 1-2dl on hyvä koko. Purkin suuaukko saa olla myös pienehkö, ettei koira mahdu ottamaan purkista mitään.

Seuraavaksi sinun pitää hankkia niitä sieniä mitä haluat koiralle opettaa – tuoreena. Pakastetuissa ja kuivatuissa sienissä tuoksu on koiran nenään melkoisen erilainen, kuin tuoreissa sienissä. Jos haluat opettaa koiran etsimään kanttarellia, käytä kanttarellia koko treenin ajan. Älä vaihda sienilaatua, ennen kuin koira on oppinut löytämään yhden hajun. Muista säilytää treenien väleissä sienipurkkia suljettuna jääkaapissa. Sieni tulee vaihtaa tuoreeseen noin 2-3 päivän välein.

Aloita treeni sellaisena aikana päivässä, kun koira ei ole juuri syönyt, eli on vähän nälkäinen. Aloita treenaaminen aina sisätilassa, tutussa ympäristössä, jossa ei ole muita häiriötekijöitä. Laita pieni pala sientä puhtaaseen purkkiin ja anna koiran haistaa purkkia. Tässä vaiheessa voit sanoa koiralle sanan jota haluat käyttää, esim. TATTI! Heti kun koira laittaa kuononsa purkin suulle kehu iloisella äänellä ja anna palkkanami. Palkkanamin voit tiputtaa lattialle poispäin purkista, että koira joutuu poistumaan purkin luota hakiessaan namin. Koira palaa kohta luoksesi, jos ei palaa niin kutsu sitä. Pidä purkkia kädessäsi ja kehoita koiraa uudelleen tatti-sanalla haistamaan purkkia. Toista tätä harjoitusta muutaman kerran – muista olla nopea,

kehu ja palkka samalla heti kun koiran kuono on purkin suuaukon päällä. Aloittelevalle koiralle sopiva pituus tälle ensimäiselle treenille on 10-15 minuuttia.

Tätä samaa treeniä voit toistaa jokusen kerran ja sitten siirtyä seuraavaan vaiheeseen. Laita purkki lattialle koiran näkyville. Anna käskysana tatti ja odota, että koira menee purkin luokse haistelemaan. Välittömästi kehu ja namin heitto poispäin purkista. Namia ei tarvitse viskata kauas, 1-2m matka riittää hyvin. Ideana on saada koira pois purkin luota, jotta voimme nähdä haluaako se itse tulla uudestaan haistelemaan. Jos koira ei palaa purkin luokse, se ei ole vielä ehdollistanut ja yhdistänyt purkin haistelua ja siitä saatavaa namipalkkaa toisiinsa. Jatkamme siis harjoitusta siten, että koira pyydetään purkin luokse, purkkia voidaan osoittaa kädellä tai sitä voidaan pitää omassa kädessä. Muista pitää treenit lyhyinä, ettei koira kyllästy hommaan. Tee mielummin yksi lyhyt treeni aamulla ja toinen illalla, tai lyhyt treeni vaikka joka toinen päivä, kuin yksi pitkä treeni. Edellä olevan ohjeen mukaan treeniä jatketaan niin monta kertaa, kunnes koira omatoimisesti ilman kädellä ohjaamista palaa purkin luokse haistelemaan ja saa siitä palkan - kun tämä alkaa onnistumaan voitte siirtyä seuraavaan vaiheeseen.

Kolmannessa vaiheessa lattialle voidaan koiran näkyville laittaa myös 1-2 tyhjää purkkia. Laita kaikki purkit koiran näkyville tilan koosta riippuen noin 0,5-1m päähän toisistaan – vain yhdessä on pieni pala sientä. Kutsu koira luoksesi ja pyydä käskysanalla TATTI sitä etsimään sienipurkki. Kun koira menee tyhjälle purkille, älä palkkaa. Kun nenä osuu oikean purkin reunalle niin kehu ja heitä palkkanami poispäin purkeista. Kun koira hakee palkkanamia, vaihda purkkien

paikkaa. Toista tätä muutaman kerran. Ideaalitilanne on, jos purkit ovat kaikki samannäköisiä – näin koira ei voi purkin ulkonäöstä päätellä mikä on oikea, vaan ainoa ratkaisu löytää oikea purkki on käyttää nenää. Toista tätä treeniä niin monena päivänä kunnes koira alkaa ymmärtää. Kun koira alkaa tosissaan käyttää nenäänsä, kuulet pienen tuhinan kun se innokkaasti etsii hajua.

Neljännessä vaiheessa vaihdetaan huonetta. Samat purkit, samat ideat kuin kolmannessa vaiheessa, mutta treeniä tehdään erilaisissa sisätiloissa, kylpyhuoneessa, olohuoneessa, keittiössä jne.

Viides vaihe on se, että treeniin otetaan vain yksi purkki, se missä on sienen palanen. Harjoituspaikkana joku tuttu tila jossa olette treenanneet aiemminkin, esim. keittiö. Jätä koira toiseen huoneeseen ja käy itse piilottamassa purkki keittiöön. Älä tee asiasta liian vaikeaa, aloita piilottamalla purkki esim. tuolin alle tms. helpohkoon "piiloon". Pyydä koira huoneeseen ja kehoita käskysanalla sitä etsimään "tatti". Jos koira on hämillään kun ei näe purkkia, voit itse liikkua huoneessa, mutta älä osoita koiralle suoranaisesti purkin paikkaa. Koira ei saa oppia siihen, että jos se ei löydä etsimäänsä niin sinä voit kertoa sen koiralle. Kierrä koiran kanssa huoneessa niin kauan, että purkki löytyy. Jos koira näyttää välillä unohtaneen mitä olette tekemässä voit toistaa käskysanaa sille pari kertaa. Tarkkaile kuitenkin koiraa kun se liikkuu huoneessa, tarkkaile sen nenää ja ilmeitä – todennäköisesti se tekee kokoajan työtä ja haistelee ilmaa, vaikkei purkkia heti löytäisikään. Voit tehdä 2-3 treeniä peräkkäin – piilota purkki eri paikkoihin.

Kuudennessa vaiheessa siirrytään toiseen huoneeseen ja toistetaan edellinen treeni. Tämän jälkeen kun

treeni alkaa sujua ongelmitta ja koira on ymmärtänyt, että kun sienen hajun löytää saa palkan, voidaan koiralle opettaa tapa millä koira ilmaisee sienen. Kun koira löytää sienipurkin, voit alkaa pyytämään sitä esim. istumaan purkin viereen ja vasta sitten tulee palkka. Mieti mikä ilmaisumuoto on sopivin omalle koirallesi. Jos sinulla on herkästi haukkuva koira, voit yllyttää sitä haukkumaan kun purkki on löytynyt ja palkata sitten. Muita vaihtoehtoja ovat istuminen tai maahan meno. Suuressa metsässä, jos koira on vapaana, se voi poiketa kauaksikin sinusta etsimään sieniä.

Tälläiselle koiralle on toki haukku paras ilmaisukeino, jos et jatkuvasti ole näköetäisyydellä, et voi nähdä jos koira istuu sienien vieressä.

Seitsemäs vaihe on siirtyä ulos treenaamaan. Valitse pieni alue rauhalliselta paikalta omasta pihastasi. Käy piilottamassa purkki sinne helppoon paikkaan. Alussa kun on siirrytty ulos, purkki voi olla jopa näkyvissä. Piilopaikkana voi käyttää vaikkapa paria pienehköä väärinpäin käännettyä pahvilaatikkoa, joista toisen alla on sienipurkki.

Ulkoetsinnässä edetään samoin kuin sisäetsinnässäkin – pieniä ja lyhyitä treenejä pari-kolme peräkkäin ja jos treeni tuntuu liian vaikealta palataan askel taaksepäin ja tehdään helpompi treeni. Treenikerta tulee aina lopettaa onnistuneeseen suoritukseen. Kaikki koirat oppivat etsimään sieniä tai mitä haluat, mutta toisille sen opettaminen on työläämpää kuin toisille.

Koskaan (tai ainakin hyvin harvoin) vika ei ole koirassa – vaan siinä, että opetus on edennyt liian nopeasti, treeneistä on tehty liian vaikeita tai pitkiä ja koira on kyllästynyt.

Kun pihatreenit alkavat tuottaa tulosta, on aika lähteä metsään ja ryhtyä tositoimiin. Voit koiran huomaamatta tiputtaa sienenpaloja kulkureittisi varteen yhden kerrallaan ja pyytää koiraa etsimään sieni kun tulette takaisin samaa reittiä.

Sienten etsimisen sijaan voit opettaa koiran etsimään mustikoita tai mitä tahansa muuta - käytä mielikuvitusta!

TARVITSEEKO KOIRAA AINA PALKITA HYVÄSTÄ SUORITUKSESTA?

Kerran ollessani pentukurssilla yhden koirani kanssa vuosia sitten paikalle tuli nainen ilman koiraa. Nainen oli itkuinen ja halusi jutella kouluttajan kanssa. Nainen kertoi, että hänellä on palveluskoira-rotuinen koira, joka on jo aikuinen, mutta nyt heillä on suuri ongelma. Heille on tullut uusi lapsi, jota hän kuljettaa lenkeillä mukana ja koira vetää ja kiskoo ja lastenvaunutkin meinaavat kaatua. Vanhemmat lapset olivat jo kasvaneet suuriksi. Kun vanhemmat lapset olivat olleet pieniä oli sama koira oppinut hienosti kävelemään vaunujen vieressä. Nainen oli opettanut koiran kulkemaan nätisti nakkien avulla. Kouluttaja kysyi naiselta, mitä sinulla nyt on palkkana, jos koira ei enää toimikkaan niin kuin halutaan. Nainen sanoi, ettei hänellä ole enää palkkaa mukana – ei hän koko ikäänsä halua kulkea nakinpalaset takintaskussa. Tähän kouluttaja heitti miettimisen arvoisen kysymyksen: Jos sinä itse olet ollut samassa työpaikassasi vaikkapa 5 vuotta, hyväksytkö sen, että pomosi tulee sanomaan sinulle, että tästä lähtien sinulle ei makseta enää palkkaa, koska osaat työsi niin hyvin? Nainen halasi kouluttajaa kyynelsilmin, käveli autolle ja sanoi menevänsä kaupasta ostamaan nakkeja koiralle.

Muutama sana kaiken lopuksi

Kaiken treenaamisen koiran kanssa pitää olla koiran mielestä hauskaa ja siitä pitää saada palkkaa. Ei kannata olettaa, että kun koiralle on kerran käskyt opettanut, sitä ei sitten aikuisena niistä tarvitse enää palkata. Toki on olemassa koiria, joilla on niin suuri miellyttämisen halu ihmistä kohtaan, että niille riittää palkaksi pelkkä hyvä-sana, mutta suurinosa kotikoirista toimii aina namipalkalla.

Toivon, että tästä pienestä opastuksesta on ollut sinulle ja koirallesi hyötyä. Toivon, että löydätte yhteisen harastuksen ja innostuksen tekemiseen. Kaikki mitä koirasi kanssa teet, vahvistaa sidettänne, opettaa koirasi kuuntelemaan sinua. Temput joita koirallesi opetat, voivat olla sellaisiakin, millä ei ole arkielämässä minkäänlaista järkevää käyttötarkoitusta. Voitte opetella maassa kierimistä, jalkojesi ali menoa, peruuttamista, kivelle kiipeämistä, valojen sammuttamista ja mitä ikinä keksitte. Mikään koiralle opettamasi temppu ei ole tarpeeton.

Jos teitä puree koulutuskärpänen, voitte hakeutua koirakerhojen tai koirakoulujen kursseille ja opetella paljon lisää. Tässä oli vain pieni aloituspotku asioille joita koiran kanssa voi ja kannattaa puuhata.

Oikein hauskoja ja antoisia koulutushetkiä sinulle ja koirallesi!